Nilesh Mirajkar
Tousif Kazi
Rohit Burte

Conceção e Simulação de um Filtro de Potência Passivo de Harmónicas Sintonizado Simples

Nilesh Mirajkar
Tousif Kazi
Rohit Burte

Conceção e Simulação de um Filtro de Potência Passivo de Harmónicas Sintonizado Simples

ScienciaScripts

Imprint

Any brand names and product names mentioned in this book are subject to trademark, brand or patent protection and are trademarks or registered trademarks of their respective holders. The use of brand names, product names, common names, trade names, product descriptions etc. even without a particular marking in this work is in no way to be construed to mean that such names may be regarded as unrestricted in respect of trademark and brand protection legislation and could thus be used by anyone.

Cover image: www.ingimage.com

This book is a translation from the original published under ISBN 978-620-6-18396-9.

Publisher:
Sciencia Scripts
is a trademark of
Dodo Books Indian Ocean Ltd. and OmniScriptum S.R.L publishing group

120 High Road, East Finchley, London, N2 9ED, United Kingdom
Str. Armeneasca 28/1, office 1, Chisinau MD-2012, Republic of Moldova, Europe
Printed at: see last page
ISBN: 978-620-7-73032-2

Conteúdo

Resumo

A utilização extensiva de conversores de potência e de outras cargas não lineares aumentou a deterioração das tensões e das formas de onda da corrente do sistema de alimentação. A distorção harmónica é considerada uma das razões mais importantes para os problemas de qualidade da energia. Também as agências de fornecimento de eletricidade estão a observar o conteúdo harmónico das cargas dos consumidores e começaram a avisá-los para reduzirem o seu nível de distorção harmónica total (THD) abaixo dos limites especificados. Isto levou à implementação de normas e orientações, como a IEEE 5191992, para controlar as harmónicas no sistema de energia.

Atualmente, os filtros de harmónicas são preferidos em muitas indústrias para a atenuação de harmónicas. A prática mais comum para a atenuação de harmónicas é a instalação de filtros de harmónicas passivos. Os filtros passivos apresentam a melhor relação custo-benefício entre todas as outras técnicas de atenuação. Fornecem potência reactiva ao sistema e são altamente eficazes na atenuação das componentes harmónicas. A outra solução é a aplicação de filtros activos, mas estes têm um custo e complexidade mais elevados. Por isso, os filtros passivos continuam a ser o esquema de atenuação mais adequado.

Este relatório apresenta a simulação em MATLAB e o projeto de um filtro passivo sintonizado único para um sistema real. São apresentados os dados reais recolhidos da indústria C'Cure Building Products através de um analisador de potência e os resultados da simulação.

Capítulo 1

Introdução

1.1 Introdução à qualidade da energia

A utilização de circuitos de corrente alternada num sistema de energia eléctrica tem sido uma prática comum. As cargas mais familiares num sistema deste tipo são as cargas de potência constante, impedância constante e corrente constante ou uma combinação linear das mesmas. Nestes casos, as formas de onda da tensão e da corrente são quase sinusoidais puras. Mas este já não é o caso do sistema de energia eléctrica moderno. A utilização maciça de dispositivos não lineares e variáveis no tempo levou à distorção das formas de onda da tensão e da corrente. Consequentemente, tanto os serviços de eletricidade como os utilizadores finais de energia eléctrica estão cada vez mais preocupados com a qualidade da energia eléctrica. O termo "qualidade da energia" tem sido utilizado para descrever a variação da tensão, da corrente e da frequência no sistema elétrico para além de um limite [1].

A qualidade da energia é definida como "um conjunto de limites eléctricos que permite que o equipamento funcione da forma prevista sem perda significativa de desempenho ou de esperança de vida".

A norma IEEE 1100 do Instituto de Engenheiros Eléctricos e Electrónicos (IEEE) define a qualidade da energia como o conceito de alimentação e ligação à terra de equipamentos electrónicos sensíveis de uma forma adequada ao equipamento.

De uma forma simples, a qualidade da energia pode ser definida como: "Qualquer problema de energia que se manifeste em desvios de tensão, corrente ou frequência que resultem em falha ou mau funcionamento do equipamento do cliente".

Todos os dispositivos eléctricos estão sujeitos a falhas ou mau funcionamento quando expostos a um ou mais problemas de qualidade de energia. O dispositivo elétrico pode ser um motor elétrico, um transformador, um gerador, um computador, uma impressora, equipamento de comunicação ou um eletrodoméstico [2]. Todos estes dispositivos e outros reagem negativamente a problemas de qualidade de energia, dependendo da gravidade dos problemas.

Estes problemas de qualidade de energia levaram à implementação de normas e directrizes, como a IEEE-519, para controlar os harmónicos no sistema de energia, juntamente com os limites recomendados. A norma IEEE 519 foi emitida pela primeira vez em 1991. Forneceu as primeiras orientações para as limitações das harmónicas do sistema e foi revista em 1992 [3]. O limite de 5% de distorção de tensão foi recomendado abaixo de 69 kV, enquanto o limite de distorção de corrente foi fixado na faixa de 2,5% a 20%, dependendo do tamanho do cliente e da tensão do sistema.

1.2 Problemas de qualidade de energia

Qualquer desvio significativo na magnitude da tensão, corrente e frequência, ou na pureza da sua forma de onda, pode resultar num potencial problema de qualidade de energia. Os problemas de qualidade de energia surgem quando estes desvios são excedidos para além do limite tolerável, e podem ocorrer de três formas diferentes

1. **Eventos de frequência:** Alteração da frequência de alimentação para além do intervalo normal, que é principalmente regulada pela velocidade de rotação dos geradores da central eléctrica e que são muito raros.

2. **Eventos de tensão:** Alteração da amplitude da tensão fora do seu intervalo normal. Podem ser variações de longo prazo, variações de curto prazo, desequilíbrio, flutuações contínuas ou aleatórias (flickers) ou interrupção completa. As variações de longo prazo mantêm-se durante mais de um minuto e são designadas por subtensões (se inferiores a 90% do valor nominal) ou sobretensões (se superiores a 110% da tensão nominal). As variações de curto prazo são de duração inferior a um minuto. São chamadas de sags (tensão entre 10% e 90% da nominal) ou swells (tensão maior que 110% da nominal). As sobretensões podem provocar a perda de vida do equipamento devido a um isolamento sob tensão. Devido à subtensão, a carga consome mais corrente numa tentativa de obter a mesma potência da fonte.

3. **Eventos de forma de onda:** A distorção das formas de onda de tensão/corrente em relação à forma de onda sinusoidal normal é considerada como um evento de forma de onda e pode ser identificada como distorção.

Entre todos os problemas de qualidade da energia acima referidos, a distorção da forma de onda é a questão mais importante da qualidade da energia. Por conseguinte, foram feitas tentativas para atenuar a distorção da forma de onda da corrente devido aos harmónicos.

1.3 A necessidade de compensação de harmónicas

Qualquer dispositivo com características não lineares que obtenha energia de entrada de um sistema elétrico sinusoidal pode ser responsável pela injeção de correntes e tensões harmónicas no sistema de energia eléctrica. A evolução da eletrónica digital e dos semicondutores de potência conduziu a um rápido aumento da utilização de dispositivos não lineares. Os conversores electrónicos de potência, mais amplamente utilizados em aplicações industriais, comerciais e domésticas, são considerados as principais fontes de harmónicas indesejadas. As correntes captadas por estes conversores electrónicos de potência e cargas não lineares têm um amplo espetro que inclui: potência reactiva fundamental, terceira, quinta, sétima, décima primeira e décima terceira harmónicas em grandes quantidades e outras harmónicas de frequência mais elevada em pequena percentagem. Estas harmónicas combinam-se com a fundamental para formar formas de onda distorcidas. Harmónicas causadas pelas cargas, nas quais a forma de onda da corrente não está em conformidade com a forma de onda fundamental da tensão de alimentação. Estas cargas são chamadas cargas não lineares e são a fonte de distorção harmónica da corrente e da tensão [4]. As fontes comuns de harmónicas no sistema elétrico são

- Rectificadores,

- Accionamentos de motores DC,

- Accionamentos de motores CA de frequência ajustável,

- Fontes de alimentação ininterrupta (UPS),

- Fornos de arco,

- Geradores VAR estáticos,

- Fontes de alimentação comutadas

Os sistemas com essas cargas são os principais candidatos a desenvolver problemas relacionados com as harmónicas.

Seguem-se os efeitos prejudiciais da injeção de harmónicas na rede eléctrica

1. Perdas e aquecimento excessivos nos motores, condensadores e transformadores ligados ao sistema,

2. Falha de isolamento devido a sobreaquecimento e sobretensões,

3. Sobrecarga e sobreaquecimento dos condutores neutros com perda de vida dos condutores e possível risco de incêndio,

4. Mau funcionamento de equipamentos electrónicos sofisticados,

5. Maior tensão dieléctrica e ressonância harmónica, com os condensadores presentes no sistema,

6. Saturação em transformadores, e

7.   Interferências na rede de comunicações.

Outro problema grave dos conversores electrónicos de potência é o de retirar potência reactiva da fonte, o que leva à subutilização da capacidade da fonte devido a

1.   Aumento das perdas na transmissão e distribuição,

2.   Equipamentos sobrevalorizados no sistema de corrente alternada, devido à maior corrente consumida para uma dada potência real, e baixa eficiência devido a mais perdas, e

3.   Má regulação da tensão.

1.4   Solução harmónica

Atualmente, a prática mais comum para a mitigação de harmónicas é a instalação de filtros passivos de harmónicas. Os filtros passivos apresentam a melhor relação custo-benefício entre todas as outras técnicas de mitigação quando se trata de média e alta tensão [5]. Fornecem potência reactiva ao sistema e são altamente eficazes na atenuação das componentes harmónicas. Tipicamente, os bancos de filtros instalados em sistemas de média tensão são capazes de proporcionar uma redução satisfatória das distorções de tensões e correntes após seu planejamento e projeto.

A outra solução é a aplicação de filtros activos [6]. Estes dispositivos operam rectificando a forma de onda e armazenando a sua energia no lado DC; depois, um inversor tipicamente transforma esta energia em AC para reconstruir a forma de onda numa magnitude e ângulo desejáveis. Os filtros activos funcionam muito bem em sistemas de baixa tensão, mas o seu custo e complexidade quando operam em sistemas de média e alta tensão fazem com que não sejam considerados viáveis. Por conseguinte, os filtros passivos continuam a ser o esquema de atenuação mais adequado.

1.5 Objectivos do projeto

1.   Recolha de dados e realização de análises harmónicas em instalações industriais.

2.   Modelação e simulação do sistema em MATLAB simulink.

3.   Projeto de um filtro passivo sintonizado único para fornecer compensação de potência reactiva e minimizar a THD.

4.   Simulação do sistema com o filtro projetado.

5.   Determinação dos valores nominais dos componentes dos filtros e comparação com os limites normalizados.

6.   Conceção de um condensador e de um reator de filtro de harmónicas.

1.6 Organização da dissertação

Chapter 2   apresenta a classificação dos filtros passivos.

Chapter 3   apresenta um estudo de caso e uma auditoria harmónica para a empresa "C'Cure Building Products Pvt.Ltd, Pune".

Chapter 4   Apresenta a conceção do sistema e vários resultados de simulação.

Chapter 5   apresenta a conceção de filtros passivos e inclui também um fluxograma para a conceção de filtros sintonizados simples, a conceção de filtros a partir de dados reais e os resultados da simulação para antes e depois de o filtro ser ligado.

Chapter 6   apresenta a classificação dos componentes do filtro e a comparação com os limites normalizados.

Chapter 7   apresenta o projeto de um condensador e de um reator de filtragem de harmónicas.

Chapter 8   Conclui o trabalho do projeto e destaca a direção futura.

Introdução aos filtros passivos

2.1 Introdução

Os filtros passivos são geralmente construídos a partir de elementos passivos, como resistências, indutâncias e capacitâncias. Os valores dos elementos do circuito de filtragem são projectados para produzir o padrão de impedância desejado. Existem muitos tipos de filtros passivos [5] [7], sendo os mais comuns os filtros de uma só curva e os filtros passa-alto.

2.2 Classificação dos filtros passivos

2.2.1 Filtro em série

Um filtro de harmónicas em série destina-se a bloquear o fluxo de correntes harmónicas, fornecendo uma impedância em série de harmónicas elevadas. É um condensador em paralelo com um indutor, como se mostra na Fig.2.1

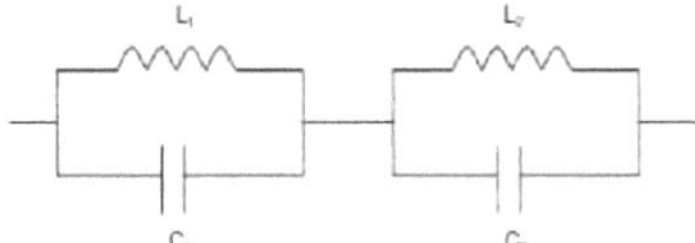

Figura 2.1: Filtro passivo em série

Estes dois componentes serão sintonizados no harmónico que se pretende bloquear com

$$Xl = \frac{Xc}{h} \qquad (2.1)$$

em que XI e Xc são as reactâncias indutiva e capacitiva à frequência fundamental, respetivamente, e h é a ordem harmónica a bloquear. O filtro pode ser composto por várias fases, de modo a bloquear tantas ordens de harmónicas quantas as desejadas. Cada filtro em série deve suportar a corrente total do circuito principal e deve ser isolado em toda a sua extensão para que a tensão à terra seja total. Consome potência reactiva em vez de a produzir e, por estas razões, raramente é utilizado na prática. Os filtros ligados em paralelo são amplamente utilizados em aplicações reais.

2.2.2 Filtro de sintonização simples

O filtro de sintonia simples, também designado por filtro passa-banda, destina-se a atenuar fortemente uma única componente harmónica. A sua estrutura pode ser vista na Fig. 2.2 a.

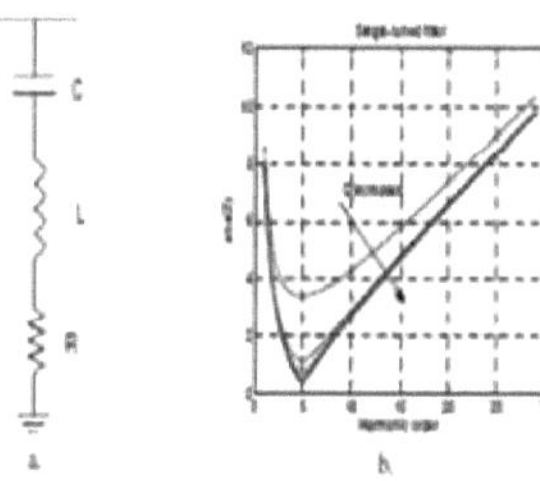

Figura 2.2: Filtro passivo com sintonia simples

A frequência de sintonia do filtro de sintonia simples é ajustada por,

$$f = \frac{1}{2\pi\sqrt{LC}} \qquad (2.2)$$

em que L é a indutância e C é a capacitância.

A resistência R determina a nitidez da sintonia através do fator de qualidade como

$$Q = \frac{\sqrt{LC}}{R} \qquad (2.3)$$

O fator de qualidade determina a largura de banda e a profundidade de filtragem na frequência de entalhe.

Esta secção considera o impacto dos dois factores seguintes: o fator de qualidade e o desvio dos valores dos componentes. O impacto do fator de qualidade neste filtro pode ser visto na Fig.2.2 b, que mostra que, à medida que Q aumenta, a nitidez da sintonia aumenta, enquanto a largura de banda diminui.

Quanto aos parâmetros que se afastam dos valores nominais, a norma IEEE Std.1531 recomenda que as variações aceitáveis dos condensadores e indutores do filtro sejam limitadas aos intervalos de 0-10% e 5% para condensadores e indutores, respetivamente. A Fig.2.3 a mostra o efeito da variação do valor da susceptância para o filtro com sintonia simples. A Fig.2.3 b mostra o efeito da variação da indutância para o mesmo cenário. As linhas a tracejado indicam os valores nominais para ambos os casos. Pode observar-se uma variação significativa da frequência de sintonização com a variação de qualquer um destes parâmetros.

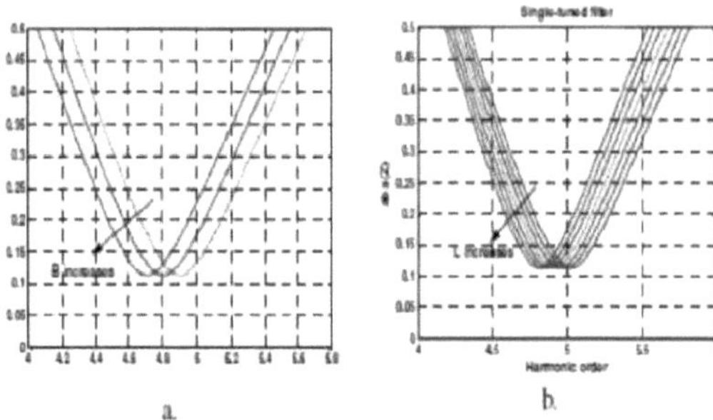

Figura 2.3: Variação dos parâmetros a.Condensador, b.Reator

Por este motivo, os filtros de sintonia simples não são sintonizados exatamente no harmónico pretendido. Em vez disso, são desafinados para um valor de frequência mais baixo. Esta desafinação pode impedir que o componente harmónico seja amplificado devido à ressonância que surge na vizinhança inferior da impedância do ponto de condução após a instalação do filtro de sintonia simples.

2.2.3 Filtros passa-altas

O filtro passa-alto é assim designado devido às suas características de baixa impedância acima de uma frequência de canto. O filtro irá desviar uma grande percentagem de todas as harmónicas, no máximo, acima da frequência de canto

Filtro passa-alto de primeira ordem

O filtro passa-alto de primeira ordem é basicamente um condensador em série com uma resistência, como se pode ver na Fig. 4 a. De acordo com a sua estrutura, é possível verificar que este filtro apresenta perdas elevadas na frequência fundamental. Além disso, para conseguir uma filtragem significativa que reduza as distorções harmónicas, o tamanho do condensador tem de ser notavelmente grande, podendo causar sobrecompensação. Por estas razões, este filtro não é tão utilizado popularmente

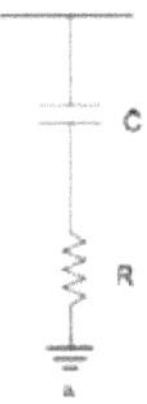

Figure 4:   : Filtro passa-alto de primeira ordem

Filtro passa-alto de segunda ordem

É o mais simples de aplicar, proporcionando simultaneamente uma boa ação de filtragem e perdas reduzidas na frequência fundamental. É provavelmente o filtro passa-alto mais popular utilizado em sistemas industriais.

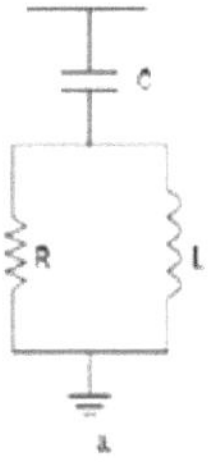

Figure 5:   : Filtro passa-alto de segunda ordem

Filtro passa-alto de terceira ordem

O filtro de terceira ordem tem como objetivo produzir menos perdas na frequência fundamental do que o filtro de segunda ordem, mas o primeiro normalmente não tem um desempenho tão bom como o segundo. Este facto é explicado pelo condensador adicional adicionado em série com a resistência. O desempenho deste filtro é inferior ao do filtro de segunda ordem, mas é menos eficaz na ação de filtragem.

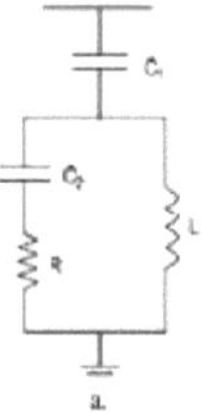

Figure 6:   : Filtro passa-alto de terceira ordem

Capítulo 3

Estudo de caso

A auditoria harmónica da empresa "C'Cure Building Products Pvt.Ltd, Pune" foi realizada em 26/10/2011 e 05/11/2011

3.1   Descrição da planta

A fábrica em questão é uma unidade de fabrico de tijolos de areia e cal curados a vapor e de blocos de pavimentação. Todas as operações na fábrica são realizadas principalmente com a ajuda de motores eléctricos que funcionam periodicamente durante um curto período de tempo. Por isso, é necessário ligar e desligar frequentemente. Alguns motores são assistidos por VFDs (Variable Frequency Drives). Atualmente, apenas um desses motores assistidos por VFD está a ser utilizado numa das prensas. A fábrica obtém normalmente a energia eléctrica da MSEDCL através de um transformador de 250kVA de capacidade. No entanto, em condições de carga reduzida ou de acordo com as necessidades, a capacidade cativa da DG de 125kVA também está disponível.

O Diagrama de Linha Simples apresentado na secção seguinte explica a disposição geral do sistema de energia eléctrica.

3.2   Diagrama de linha única

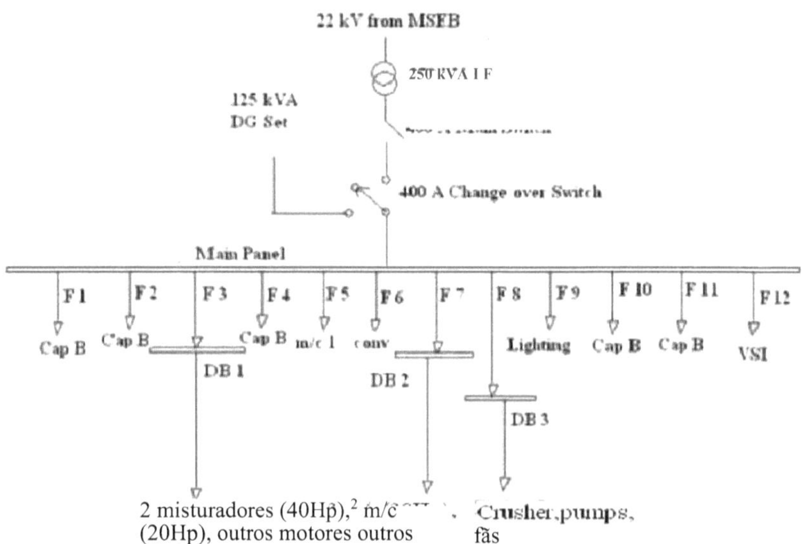

2 misturadores (40Hp),^{2} m/c (20Hp), outros motores outros   Crusher, pumps, fãs

Figura 3.1: Diagrama de linha única de C'Cure

3.3   Resultado da medição

Uma enorme base de dados foi armazenada automaticamente pelo equipamento Y0K0GAVA CW240

Clamp on meter. Os mesmos dados são representados sob a forma de vários gráficos, como se indica

de seguida.

3.3.1 Gráficos

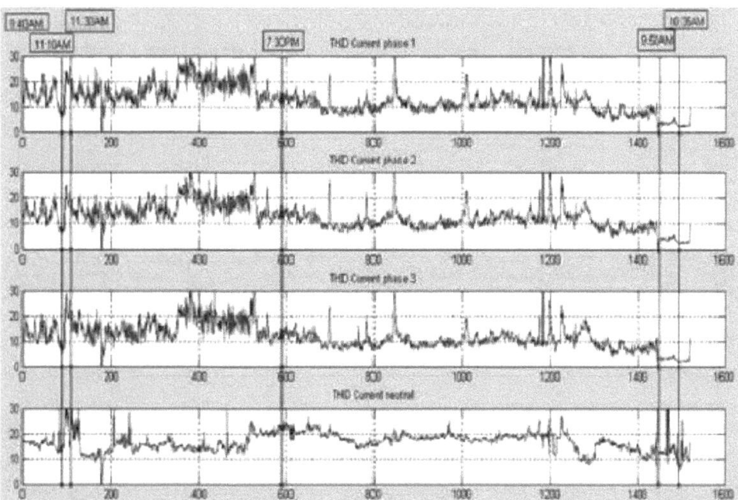

Figura 3.2: THD atual: Carga total da instalação com e sem VFD e no transformador e DG.

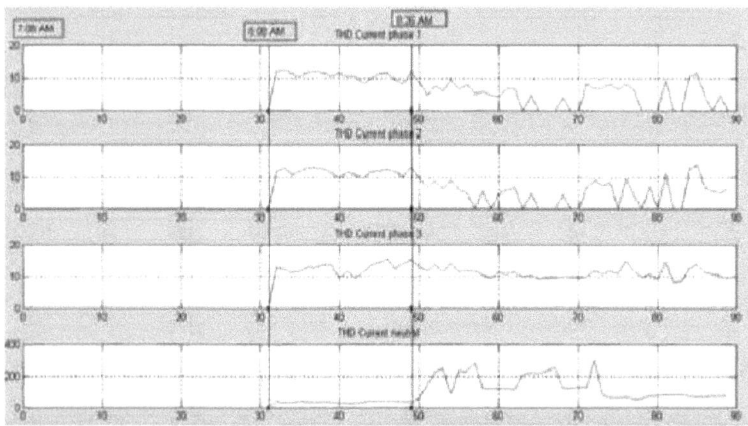

Figura 3.3: THD de corrente: sem carga e depois apenas com carga de iluminação

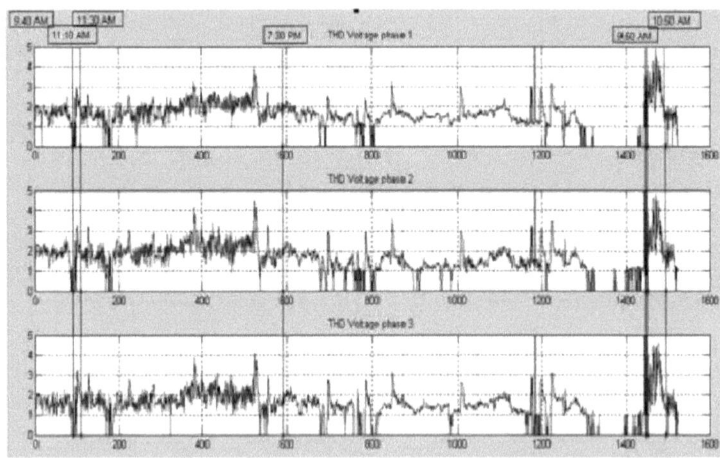

Figura 3.4: THD de tensão: carga total da planta com e sem VFD e no transformador e DG.

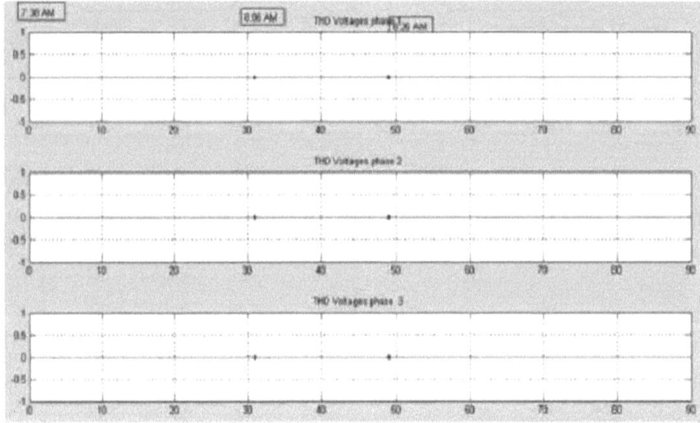

Figura 3.5: THD de tensão: sem carga e depois apenas com carga de iluminação

18

3.3.2 Resumo tabular dos harmónicos

Tabela 3.1: Fase1:Harmónicos de corrente (percentagem)

Ordem dos harmónicos	3	5	7	9	11	13	15	17	19	21	THD
T/F com VFD	0-5	5-20	5-20	0-2	0-1.5	0-1	0	0	0	0	10-30
T/F sem VFD	0-2	3-15	2-15	0-1.5	0-1.5	0-1	0	0	0	0	5-20
DG com VFD	0-1	2-4	1-3	0	0-2	0-1	0	0	0	0	2-5
DG sem VFD	0-2	1 2	0-1	0	0-2	0-1	0	0	0	0	2-4
Sem carga	0	0	0	0	0	0	0	0	0	0	0
100% de carga de iluminação	4-5	0	0	0	0	0	0	5-10	4-5	0	8-12
50% de carga de iluminação	0-4	0	0	0	0	0	0	4-8	5-8	4-6	0-10

Tabela 3.2: Fase2: Harmónicas de corrente (percentagem)

Ordem dos harmónicos	3	5	7	9	11	13	15	17	19	21	THD
T/F com VFD	0-3	5-20	5-20	0-2	0-1.5	0-1	0	0	0	0	10-30
T/F sem VFD	0-2	3-15	3-15	0-1	0-1.5	0-1	0	0	0	0	5-20
DG com VFD	0-1	2-4	1-3	0-1	0-2	0-1.5	0	0	0	0	2-5
DG sem VFD	0	0-2	0-1	0	0-1.5	0-1.5	0	0	0	0	2-4
Sem carga	0	0	0	0	0	0	0	0	0	0	0
100% de carga de iluminação	5-7	0	0	0	0	0	0	5-10	0	0	10-13
50% de carga de iluminação	0-5	0	0	0	0	0	0	0-5	3-7	4-7	0-10

Tabela 3.3: Fase3: Harmónicas de corrente (percentagem)

Ordem dos harmónicos	3	5	7	9	11	13	15	17	19	21	THD
T/F com VFD	0-3	5-15	5-20	0-2	0-2	0-1	0	0	0	0	10-30
T/F sem VFD	1-2	2-12	3-15	0-1	0-2	0-1	0	0	0	0	5-20
DG com VFD	0-1	2-3	1-3	0-0.5	1-1.5	0-1	0	0	0	0	2-5
DG sem VFD	0-1	1-1.5	0-1	0-0.5	0.5-1.5	0-1	0	0	0	0	2-4
Sem carga	0	0	0	0	0	0	0	0	0	0	0
100% de carga de iluminação	4-6	4-8	4-6	0	0	0	0	5-10	4-7	0	10-15
50% de iluminação	0-6	5-8	4-6	0	0	0	0	5-8	4-10	4-8	8-15

Tabela 3.4: Fase neutra: Harmónicos de corrente (percentagem)

Ordem dos harmónicos	3	5	7	9	11	13	15	17	19	21	
T/F com VFD	5-30	**5-20**	0-8	**0-15**	0	0	0	0	0	0	10-30
T/F sem VFD	**5-20**	5-15	0-8	0-10	0	0	0	0	0	0	**5-20**
DG com VFD	**5-10**	5-10	0-6	0-8	0	0	0	0	0	0	10-20
DG **sem VFD**	**5-10**	0-6	0	0-8	0	0	0	0	0	0	5-15
Sem carga	0	0	0	0	0	0	0	0	0	0	0
100% de carga de iluminação	20-40	**0-25**	8-25	**5-14**	0	0	0	0	0	0	30-50
50% de carga de iluminação	50-150	30-180	25-140	**25-100**	0	0	0	0	0	0	50-250

Tabela 3.5: Fasel:Harmónicos de tensão (percentagem)

Ordem dos harmónicos	3	5	7	9	11	13	15	17	19	21	THD
T/F com VFD	0	0-2	0-2	0	0	0	0	0	0	0	1-3
T/F sem VFD	0	0-2	0-2	0	0	0	0	0	0	0	1-2
DG com VFD	0	1-1.5	0-2	0	0	0	0	0	0	0	2-4.5
DG sem VFD	0	0	0	0	0	0	0	0	0	0	1-2

Sem carga	0	0	0	0	0	0	0	0	0	0	0
100% de carga de iluminação	0	0	0	0	0	0	0	0	0	0	0
50% de carga de iluminação	0	0	0	0	0	0	0	0	0	0	0

Tabela 3.6: Fase2:Harmónicos de tensão (percentagem)

Ordem dos harmónicos	3	5	7	9	11	13	15	17	19	21	THD
T/F com VFD	0	0-2	0-3	0	0	0	0	0	0	0	1-3
T/F sem VFD	0	0-2	0-2	0	0	0	0	0	0	0	1-2
DG com VFD	0	0-2	0-1	0	0	0	0	0	0	0	2-4.5
DG sem VFD	0	0	0	0	0	0	0	0	0	0	1-2
Sem carga	0	0	0	0	0	0	0	0	0	0	0
100% de carga de iluminação	0	0	0	0	0	0	0	0	0	0	0
50% de carga de iluminação	0	0	0	0	0	0	0	0	0	0	0

Tabela 3.7: Fase3: Harmónicos de tensão (percentagem)

Ordem dos harmónicos	3	5	7	9	11	13	15	17	19	21	THD
T/F com VFD	0	0-2	0-3	0	0	0	0	0	0	0	1-3
T/F sem VFD	0	0-2	0-2	0	0	0	0	0	0	0	1-2
DG com VFD	0	0-2	0-2	0	0	0	0	0	0	0	2-4.5
DG sem VFD	0	0	0	0	0	0	0	0	0	0	1-2
Sem carga	0	0	0	0	0	0	0	0	0	0	0
100% de carga de iluminação	0	0	0	0	0	0	0	0	0	0	0
50% de carga de iluminação	0	0	0	0	0	0	0	0	0	0	0

3.4   Conclusão do estudo de caso

As observações globais apresentadas no resumo tabular e através dos gráficos dos diferentes parâmetros revelam os seguintes pontos conclusivos,

• O funcionamento da instalação com alimentação por transformador e VFD é mais corruptivo por natureza, produzindo 10 a 30% de THD de corrente e sem VFD resultou ligeiramente menos corruptivo com 5 a 20% de THD de corrente, o que também é superior aos níveis especificados.

• O funcionamento da central com alimentação por GD e VFD permite reduzir ligeiramente os níveis de harmónicas de corrente, 2 a 5% de THD de corrente e sem VFD é melhor, resultando em 2 a 4% de THD de corrente.

• As cargas motrizes estão a produzir os 5º e 7º harmónicos em grande proporção, enquanto a iluminação

a carga está a produzir os harmónicos 17 e 19.

Capítulo 4

Conceção e simulação de sistemas

4.1 Descrição do sistema

O filtro de potência passivo sintonizado simples consiste numa combinação em série de resistência, indutor e condensador. A figura 1 mostra os principais componentes de um sistema típico de filtro ativo de potência e as suas interligações.

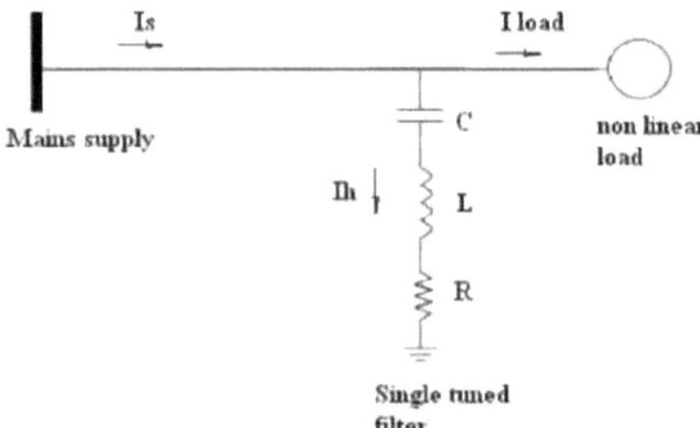

Figura 4.1: Componentes principais do filtro de potência sintonizado simples

A Figura 4.2 mostra o modelo Matlab / Simulink do sistema projetado. Os principais componentes do sistema acima são os seguintes

- Alimentação eléctrica

- Carga não linear

- Filtro de potência passivo com sintonia única

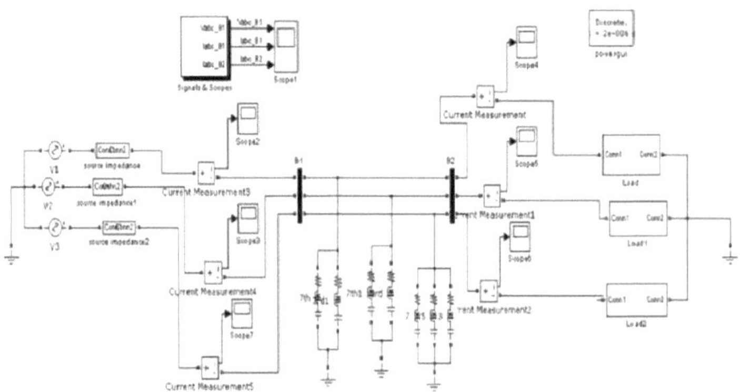

Figura 4.2: Modelo Matlab/Simulink do sistema projetado

4.1.1 Alimentação eléctrica

É uma fonte de tensão sinusoidal de frequência nominal. A fonte de tensão trifásica é formada por três fontes de tensão monofásicas.

4.1.2 Carga não linear

Um conjunto de três cargas monofásicas é ligado a uma rede eléctrica trifásica de CA com três fios. Cada carga de fase consiste numa impedância monofásica calculada a partir das tensões, correntes e ângulos de fase instantâneos fundamentais. As impedâncias harmónicas são modeladas como fontes de corrente equivalentes em paralelo com a impedância fundamental da carga

Esta combinação é equivalente às cargas não lineares geralmente utilizadas. O modelo MATLAB/SIMULINK da carga não linear da fase A é apresentado na Figura 3.

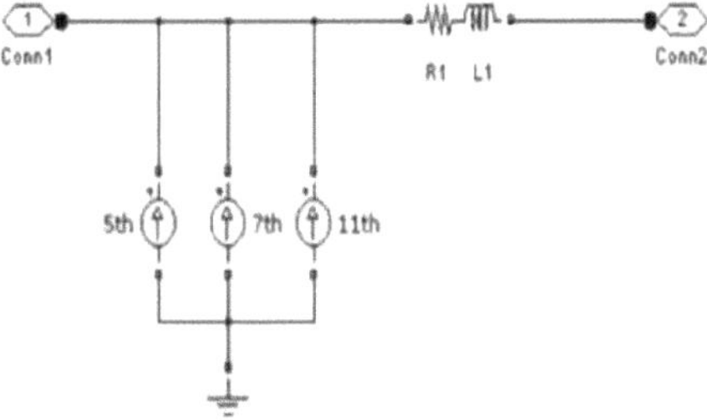

Figura 4.3: Modelo Matlab / Simulink da carga não linear

4.1.3 Filtro de potência passivo com sintonização simples

É a combinação em série de resistência, indutor e condensador ligados em paralelo com Carga.

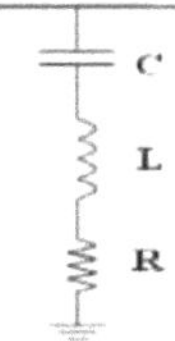

Figura 4.4: Filtro de potência passivo sintonizado simples

4.2 Conceção do sistema a partir de dados reais

Os dados são recolhidos para a indústria C'Cure Building Products. Este sistema trifásico e o filtro de potência sintonizado único são concebidos e modelados em Matlab. A lista dos parâmetros do sistema e dos dados harmónicos do sistema considerados na simulação é apresentada na tabela seguinte.

Tabela 4.1: Parâmetros do sistema

Parâmetro	Phase1	Fase 2	Fase 3
p.f	0.738	0.694	0.751
Frequência (Hz)	50.09	50.09	50.09
Ângulo das fases (graus)	42.4	46.1	41.4
Potência real (kW)	18.4	19.2	21.0
Reativo potência (kVAr)	16.8	19.9	18.4
Carga resistência (ohm)	2.0826	1.7590	1.8202
Carga indutância (mH)	6.0533	5.8133	5.1081

Tabela 4.2: Dados harmónicos do sistema

	Ordem dos Harmónicas	1	3	5	7	9	11	13	THD(%)
Phase1	Inst. Corrente(A)	91.8	0	16.9	18.4	0	0.9	0	27.4
	Inst. Tensão(V)	258.9	0	4.2	5.9	0	0	0	2.8
Fase 2	Inst. Corrente(A)	101.9	0	15.9	23.2	0.9	0.9	0	27.8
	Inst. Tensão(V)	258.5	0	3.9	7.9	0	0	0	3.4
Fase3	Inst. Corrente(A)	105	1.5	14.3	23.9	0	0.8	0	26.8
	Inst. Tensão(V)	254.8	0	3.3	7.2	0	0	0	3.1

4.3 Resultados da simulação

Os resultados da simulação para os harmónicos de corrente e tensão são apresentados nas figuras

seguintes

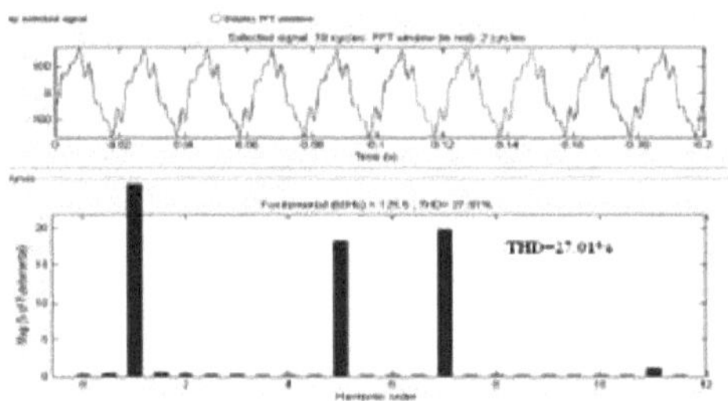

Figura 4.5: Harmónicos de corrente e THD para o phase1

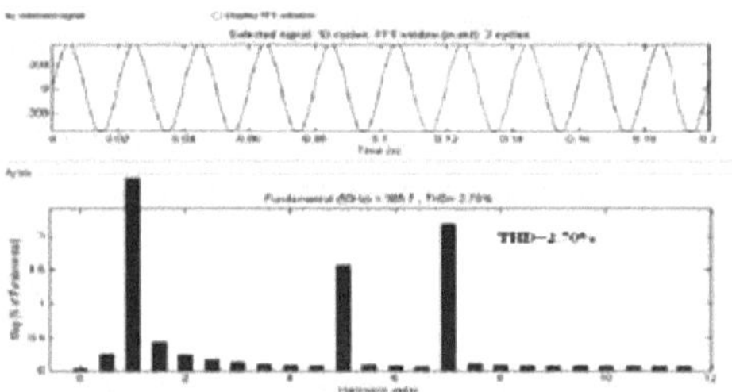

Figura 4.6: Harmónicos de tensão e THD para o phase1

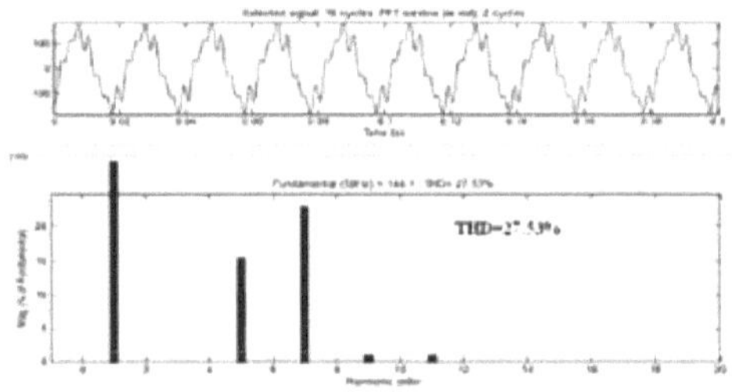

Figura 4.7: Harmónicos de corrente e THD para a fase2

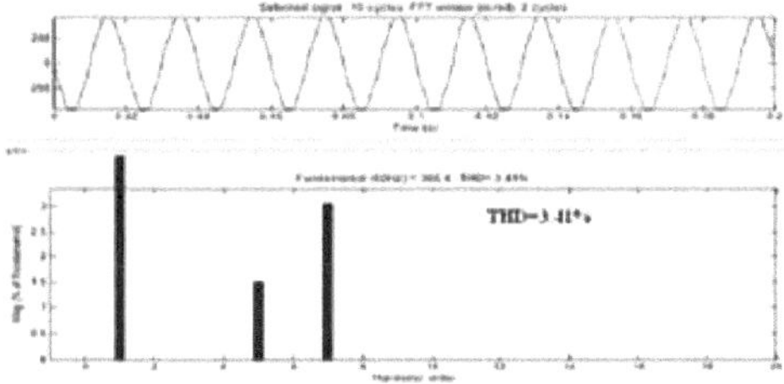

Figura 4.8: Harmónicos de tensão e THD para a fase2

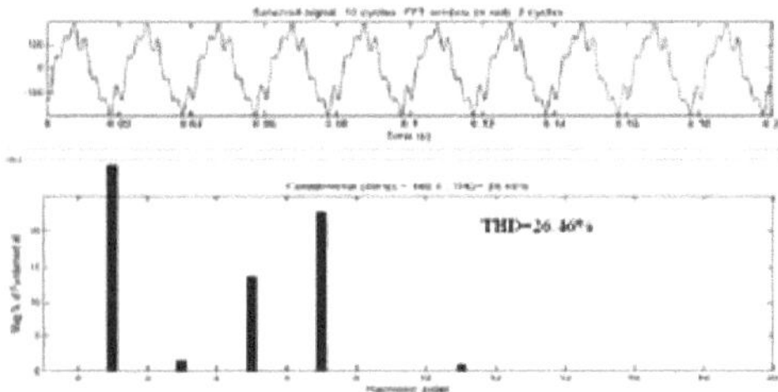

Figura 4.9: Harmónicos de corrente e THD para a fase3

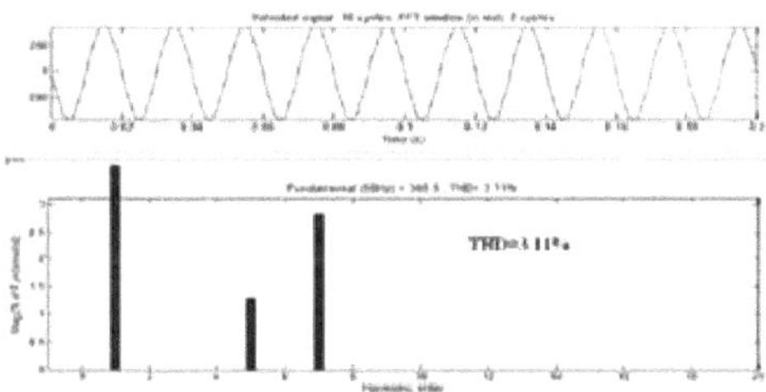

Figura 4.10: Harmónicos de tensão e THD para a fase3

A partir da simulação, observa-se que os dados harmónicos do sistema real são iguais aos dados da simulação.

Capítulo 5

Conceção de filtros passivos

5.1 Fluxograma para o projeto de filtros

Antes de qualquer esquema de filtro ser concebido, deve ser realizado um estudo do fator de potência para determinar se existem requisitos de compensação reactiva para o sistema [8]. Em caso afirmativo, o filtro será concebido para fornecer o kvar correto. Os fluxogramas de decisão para o projeto de filtros são apresentados na Fig. 5.1

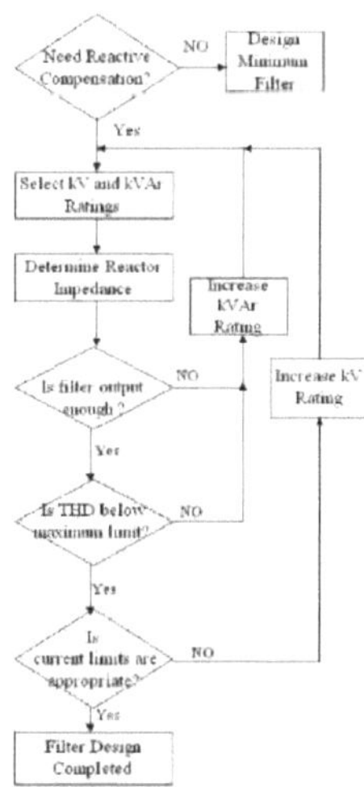

Figura 5.1: Fluxograma para o projeto do filtro

5.2 Projeto de filtro passivo sintonizado simples

5.2.1 Projeto de filtro passivo sintonizado simples

Os passos para a conceção do filtro são os seguintes [9] [10],

1. Necessidade de potência reactiva das fontes de harmónicas,

$$Q_{nC} = V_{nrms} \times I_{nrms} \qquad (5.1)$$

2. A reactância do condensador é

$$X_{nC} = \frac{V^2}{Q_{nC}} \qquad (5.2)$$

Para apanhar o harmónico 'n' th, na ressonância,

$$X_{nL} = X_{nC} \qquad (5.3)$$

3.   Valor do condensador e do indutor para o filtro

$$C_n = \frac{1}{2\Pi f \times n \times Q_{nC}} \qquad (5.4)$$

$$L_n = \frac{Q_{nL}}{2\Pi f \times n \times Q_{nC}} \qquad (5.5)$$

(5.(4)   A resistência dos reactores é

$$R = \frac{X_n}{Q} \qquad (5.6)$$

onde

$$Q = \frac{f_n}{B.W}, 30 < Q < 100 \qquad (5.7)$$

E

$$X_n = \sqrt{X_{nL} \times X_{nC}} \qquad (5.8)$$

5.3   Projeto de filtro passivo sintonizado simples a partir de dados reais

Os dados são recolhidos para a indústria C'Cure Building Products. Este sistema trifásico e o filtro de potência sintonizado único são concebidos e modelados em Matlab.

Os componentes harmónicos dominantes são o 5º e o 7º. Por conseguinte, são concebidos dois filtros shunt sintonizados simples utilizando a análise acima referida. Os parâmetros destes filtros são apresentados na tabela seguinte

Tabela 5.1: Parâmetros do filtro

Parâmetros	Fase 1		Fase 2		Fase 3	
	5th	$y\ th$	5th	$7^a.$	5th	$7^a.$
Qc(kVAr)	8	8	10	10	9	9
Xc(ohm)	8.3786	8.3786	6.6822	6.6822	7.2136	7.2136

C(uF)	379.91	379.91	476.35	476.35	441.25	441.25
Xl(ohm)	0.3351	0.1709	0.2672	0.1363	0.2885	0.1472
L(mH)	1.0668	0.5443	0.85	0.434	0.918	0.4686
R(ohm)	0.04117	0.0294	0.0328	0.0234	0.0354	0.0253
Q	40.7	40.7	40.7	40.7	40.7	40.7

A resposta em frequência para a magnitude da impedância do 5° e 7° filtros sintonizados é ilustrada na fig. 5.2

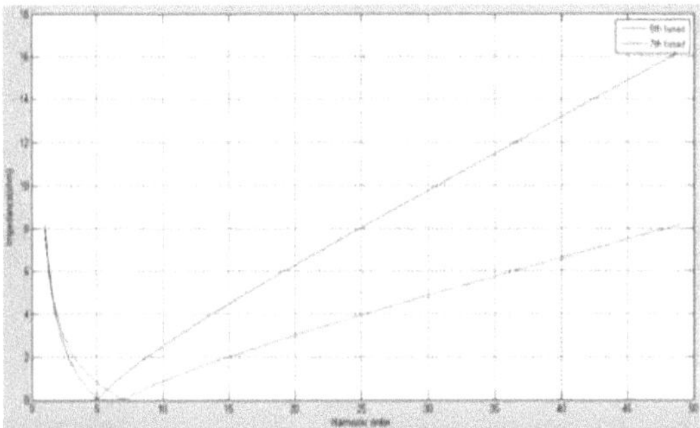

Figura 5.2: Resposta em frequência da magnitude da impedância para o filtro sintonizado de 5ª e 7ª ordem harmónica concebido

5.4 Resultados da simulação

Nesta secção, o sistema é simulado no MATLAB. Os parâmetros do sistema são apresentados na secção anterior. As Fig. 5.3 a 5.8 mostram as formas de onda da corrente e da tensão CA e a distorção harmónica do sistema simulado depois de o filtro ser ligado

As frequências sintonizadas dos dois filtros são (5) e (7). Depois de o filtro concebido ser ligado, os componentes harmónicos da corrente e da tensão são maioritariamente suprimidos. A corrente/tensão resultante

As formas de onda e a distorção harmónica são apresentadas nas Fig. 5.3 a 5.8. Depois de o filtro estar ligado, a THD

reduzida de forma eficaz.

The power factor (PF) is also improved with the capacitor bank of the filter.

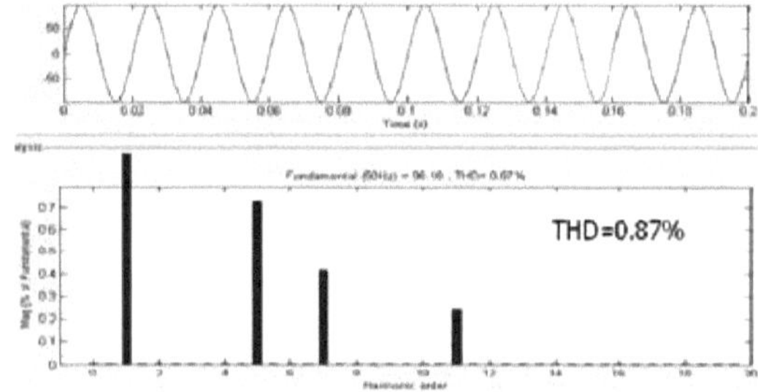

Figura 5.3: Forma de onda da corrente da fase 1 e harmónicos após o filtro ser ligado

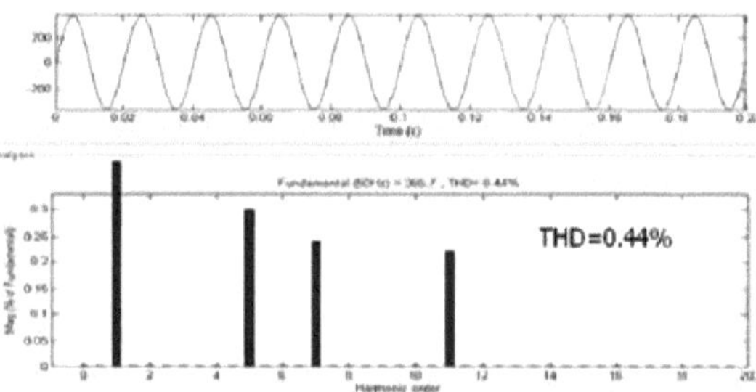

Figura 5.4: Forma de onda da tensão da fase 1 e harmónicos após o filtro ser ligado

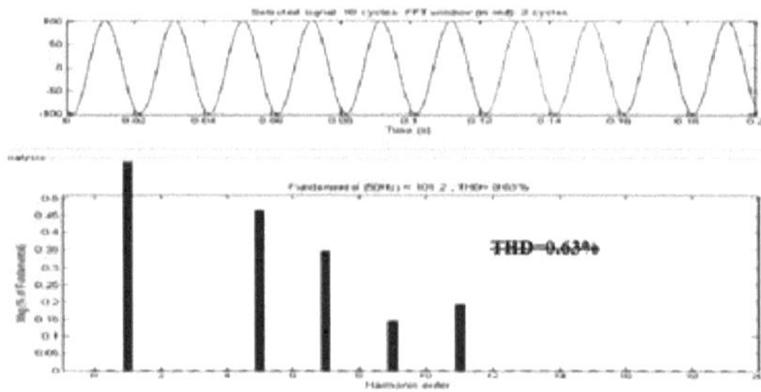

Figura 5.5: Forma de onda da corrente da Fase2 e harmónicos depois de o filtro ser ligado

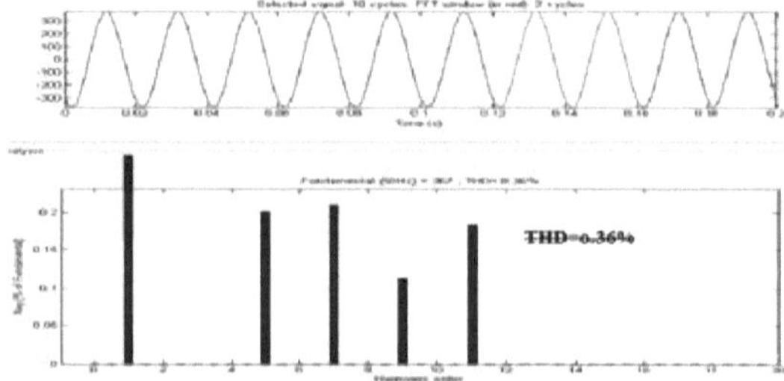

34

Figura 5.6: Forma de onda da tensão da Fase2 e harmónicos após o filtro ser ligado

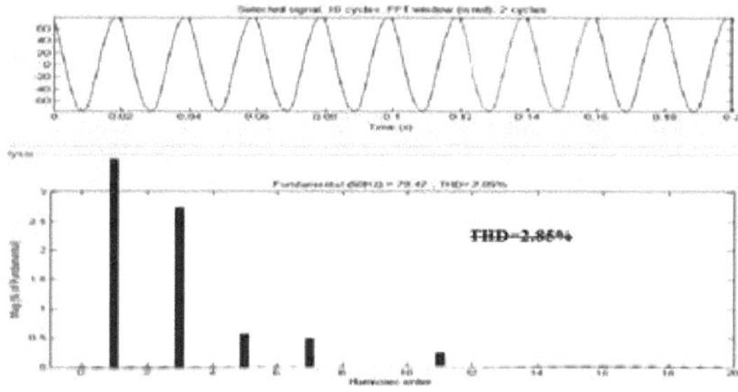

Figura 5.7: Forma de onda da corrente da Fase3 e harmónicos após o filtro ser ligado

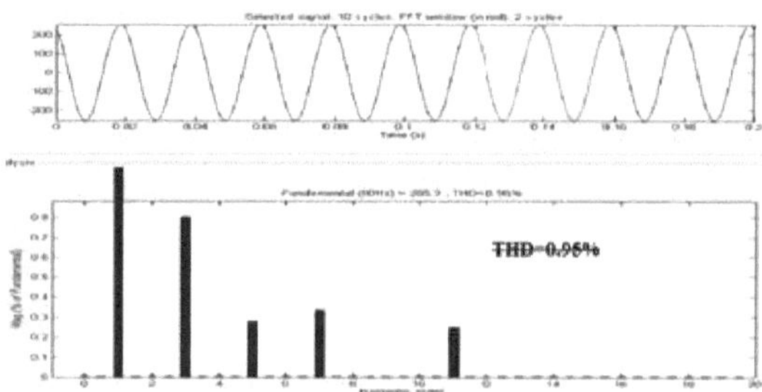

Figura 5.8: Forma de onda da tensão da Fase3 e Haimónica após o filtro ser ligado

Antes e depois de o filtro estar ligado, a THD da corrente, a THD da tensão e o fator de potência são apresentados na tabela seguinte

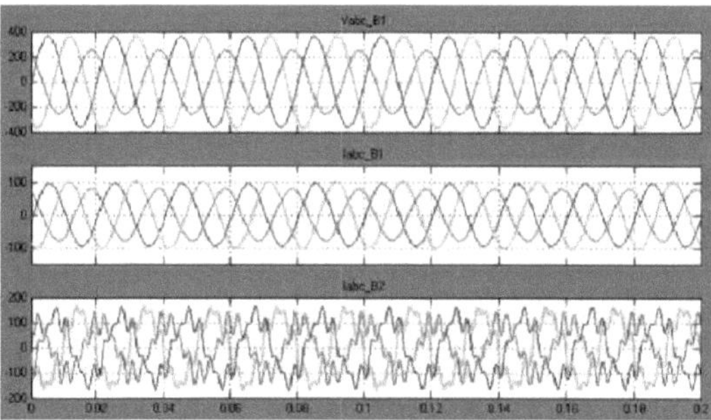

Figura 5.9: Formas de onda da tensão e da corrente antes e depois de o filtro ser ligado para três fases

Tabela 5.2: THD de corrente, THD de tensão e p.f antes e depois de o filtro ser ligado

35

parâmetro	Corrente THD(%)			Tensão THD(%)			Fator de potência		
Antes de filtro ligado	27.4	27.8	26.8	2.8	3.4	3.1	0.738	0.694	0.751
Depois do filtro ligado	0.87	0.63	2.85	0.44	0.36	0.95	0.99	0.99	0.99

5.5 Efeito da compensação, dessintonização na THD

5.5.1 Efeito da compensação na THD

Tabela 5.3: Efeito da compensação na THD

Compensação (%)	DTH atual(%)	TensãoTHD(%)
80	1.09	0.56
90	0.98	0.50
100	0.87	0.44
110	0.78	0.40
120	0.70	0.37

À medida que a compensação aumenta, a THD diminui.

5.5.2 Efeito da desafinação na THD

Tabela 5.4: Efeito da desafinação na THD

Desajuste (%)	DTH atual(%)	TensãoTHD(%)
3	2.38	1.09
5	4.05	1.81
7	6.14	2.70

À medida que a desafinação aumenta, a THD aumenta.

Capítulo 6

Classificações dos componentes do filtro

6.1 Condensadores

Os limites de sobrecarga admissíveis dos condensadores baseados em normas são apresentados no Quadro 6.1

Tabela 6.1: Índices e limites de carga de condensadores padrão

kVAr	135%
tensão rms	110%
soma das tensões de pico	120%
corrente rms	180%

Todos estes parâmetros devem ser verificados quando se aplicam condensadores num ambiente harmónico, especialmente se os condensadores são partes de um filtro.

Para a fase 1, 5º condensador sintonizado, obtêm-se os seguintes valores

Tabela 6.2: Limites de carga do condensador para o 5º condensador sintonizado

Dever	IEEE limite	Classificado valor	Valores obtidos	Obtido limite
kVAr	135%	8000	10146	126.82%
tensão rms	110%	258.9	260.54	100.63%
soma das tensões de pico	120%	263.1	288.09	109.49%
corrente rms	180%	30.89	35.2195	113.98%

Todos os valores obtidos não estão a exceder o limite IEEE. Os condensadores das restantes fases também não excedem o limite IEEE.

6.2 Reator de Afinação

Os reactores utilizados para aplicações de filtragem são normalmente construídos com um núcleo de ar, o que proporciona características lineares em relação à frequência e à corrente. O reator deve ser dimensionado para resistir a um curto-circuito no ponto entre o reator e o condensador. O isolamento

(BIL) do reator deve ser semelhante ao dos transformadores de potência ligados ao mesmo nível de tensão. Os parâmetros a incluir na especificação de um reator são a corrente de 50 Hz, o espetro de correntes harmónicas, a corrente de curto-circuito, a tensão do sistema, o BIL (Basic Impulse Level).

Capítulo 7

Condensador e reator de filtro de harmónicas

Conceção

7.1 Condensador de filtro de harmónicas

O condensador deve ser concebido de modo a que o seu funcionamento em condições normais não resulte em tensões ou potência reactiva que excedam 100% da potência nominal da unidade de condensador com filtro. A norma IEEE Std. 1036-1992 estabelece limites de funcionamento contínuo superiores a 100% da potência nominal. No entanto, estes limites são capacidades de sobrecarga e devem ser invertidos apenas para operações de contingência.

Para o filtro passivo sintonizado simples, a classificação kVAr dos condensadores é selecionada de modo a que possa desempenhar as seguintes funções

- Melhoria do fator de potência
- Redução específica das harmónicas

Para o filtro concebido, as classificações dos condensadores são consideradas para melhorar o fator de potência para 0,99. A classificação máxima da corrente eficaz, o valor da capacitância e as classificações em kVAr são apresentados no quadro seguinte Quadro 7.1

7.1.1 Tolerância de capacitância

Os seguintes parâmetros do condensador devem ser definidos ao projetar um filtro para atingir um ponto de sintonização especificado

Tabela 7.1: Especificações do condensador de filtro

Parâmetros	Fase 1		Fase 2		Fase 3	
	5th	$y\ th$	5th	7^a	5th	7^a
Irms(max)	35.21	35.96	41.82	45.10	38.10	42.64
C(uF)	379.91	379.91	476.35	476.35	441.25	441.25
kVAr nominal	10.14	10.10	11.69	12.66	10.49	11.91

- Variação da capacitância com a temperatura
- Tolerância de fabrico da capacitância

O efeito da tolerância da capacidade no desempenho do filtro de harmónicas deve ser avaliado. As unidades de condensadores construídas de acordo com o IEEE std. 18-2002 desde 2002 têm uma tolerância de fabrico que varia entre 0-10% a 25 graus centígrados de temperatura interna.

No projeto do filtro harmónico, o fabricante do condensador deve selecionar uma tolerância para as unidades individuais de modo a que a tolerância da capacitância do banco de condensadores do filtro seja cumprida. A tolerância de capacitância das unidades individuais não deve exceder ±5% da capacitância nominal da unidade.

A variação da capacitância ao longo da gama de temperaturas de funcionamento pode ser significativa. Os fabricantes de condensadores podem normalmente fornecer a variação da capacitância com a temperatura.

7.2 Reator de filtro de harmónicas

Os reactores com filtro dividem-se geralmente em três categorias,

•   Reactores de núcleo de ar de tipo seco: Geralmente utilizados em aplicações de média e alta tensão.

•   Reactores de tipo seco, com núcleo de ferro: Geralmente utilizados em aplicações de baixa e média tensão.

•   Reactores com núcleo de ferro, cheios de fluido: Geralmente utilizados em aplicações de média tensão.

O reator deve ser dimensionado para resistir a um curto-circuito no ponto entre o reator e o condensador. O isolamento (BIL) do reator deve ser semelhante ao dos transformadores de potência ligados ao mesmo nível de tensão. Os parâmetros a incluir na especificação de um reator são

•   Corrente de 50 Hz,

•   espetro de corrente harmónica,

•   corrente de curto-circuito,

•   tensão do sistema,

•   Sistema BIL (Basic Impulse Level).

Os reactores trifásicos de filtros de harmónicas com núcleo de ferro devem ser evitados em situações em que o desempenho da rede de filtros seja crítico. É difícil ajustar a indutância de uma fase sem afetar a indutância das outras duas fases.

As vantagens de uma bobina de núcleo de ar são as seguintes

1.	A indutância da bobina é independente da corrente, porque não há núcleo ferromagnético a saturar com o aumento da corrente.

2.	Não há perdas de ferro que afectam os núcleos ferromagnéticos, pelo que é possível obter um melhor fator Q e uma menor distorção à medida que a frequência aumenta

3.	Podem ser utilizados para funcionar verdadeiramente a frequências tão elevadas como 1 Ghz.

7.2.1 Conceção do indutor de núcleo de ar

Uma bobina de núcleo de ar é um indutor formado pelo enrolamento de várias voltas de fio esmaltado num cilindro não ferromagnético que pode ser removido após a construção da bobina [11].

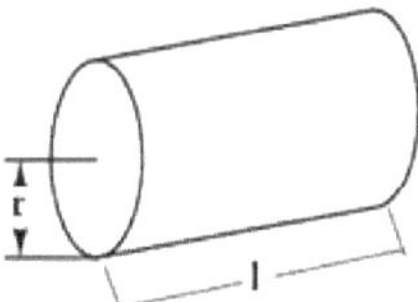

Figura 7.1: Construção da bobina do reator-filtro

$$L = \frac{N^2 \mu A}{l} \tag{7.1}$$

$$\mu = \mu_r \mu_0 \tag{7.2}$$

em que, L=Indutância da bobina em Henrys.

N=número de voltas

$\mu=$ permeabilidade do material do núcleo $\mu_r=$ Permeabilidade relativa ($\mu_r=1$ para o ar)

$\mu_0=1.26 * 10^{-6}$ T-m/At Permeabilidade do espaço livre

A=Área da bobina em metros quadrados $= \pi r^2$

I = Comprimento médio da bobina em metros.

Considerando l =25 cm e r=6,5cm, a partir da tabela de bitola do fio padrão,

•	SWG = 4

•	Diâmetro = 5,18922 mm

•	Resistência = 0,81508 ohm/km

•	Corrente máxima = 60 amperes

O número de voltas, o comprimento do fio e o número de camadas são calculados e apresentados na

tabela seguinte.

Tabela 7.2: Especificações do indutor de filtro

Parâmetros	Fase 1		Fase 2		Fase 3	
	5th	$y\ th$	5th	7^a.	5th	7^a.
Irms(max)	35.21	35.96	41.82	45.10	38.10	42.64
L(mH)	1.0668	0.5443	0.85	0.434	0.918	0.4686
N	126	90	113	81	117	84
N.º de Camadas	3	2	3	2	3	2

Capítulo 8

Conclusão e âmbito futuro

8.1 Conclusão

O principal objetivo deste relatório é estudar a conceção de filtros passivos de harmónicas sintonizados para atenuar as harmónicas nos sistemas industriais. São discutidos os aspectos de conceção dos filtros passivos sintonizados simples. Na conceção do filtro, são derivados os elementos passivos do filtro.

No estudo de caso, uma carga industrial não linear está a criar distorções harmónicas. Os harmónicos dominantes são o 5º e o 7º. Estas harmónicas causam mais efeitos harmónicos, uma vez que a sua magnitude é grande, pelo que têm de ser eliminadas em primeiro lugar.

O condensador utilizado reduz os harmónicos, bem como melhora o fator de potência do sistema.

8.2 Âmbito futuro do trabalho

Os filtros passivos não são adaptáveis às condições variáveis do sistema e, uma vez instalados, são rígidos no seu lugar. Nem a frequência sintonizada nem o tamanho do filtro podem ser alterados facilmente. Os elementos passivos dos filtros são componentes de tolerância estreita.

A ressonância paralela entre o filtro e o sistema pode causar a amplificação dos harmónicos de cunho.

Os filtros activos permitem uma eliminação de 100% das harmónicas. O problema da ressonância não é criado. Os filtros activos são adaptáveis a condições de carga variáveis e a alterações do sistema. O estudo futuro estará relacionado com filtros de harmónicas activos e híbridos.

Referências

[1]   J. C. Das, *Power System Analysis, Short-Circuit Load Flow and Harmonics,* 2002.

[2]   A. B. Nassif e W. Xu, "Passive Harmonic Filters for Medium-Voltage Industrial Systems: Considerações Práticas e Análise Topológica", 2007.

[3]   A. J., B. D.A., e B. P.S., *Power System Harmonics.* John Wiley and Sons, 1985.

[4]   "Guia IEEE para Aplicação e Especificação de Filtros Harmónicos". IEEE Std 15312003.

[5]   J. K. Phipps, J. P. Nelson, e P. K. Sen, "Power quality and harmonic distortion on distribution systems," *IEEE Transaction on Industry Implications,* vol. 3, no. 2, pp. 504512, março/abril de 1994.

[6]   D.Sutanto, M.Boou-rabee, K.S.Tam, e C.S.Chang, "Passive and active harmonic filters for industrial power system," 2003.

[7]   M. El-Habrouk, M. K. Darwish, e P. Mehta, "Active power filters: A review," *Electric Power Applications, IEE Proceedings,* vol. 147, no. 5, pp. 403-413, setembro de 2000.

[8]   "Práticas e requisitos recomendados pelo IEEE para o controlo de harmónicas em sistemas de energia eléctrica". IEEE Std 519-1992.

[9]   G. J. Wakileh, *Harmónicas do sistema de energia.*

[10]   D. A. Gonzalez e J. C. Mccall, "Design of filters to reduce harmonic distortion in industrial power systems," *IEEE Transaction on Industry Applications,* vol. IA-23, no. 3, pp. 504-512, maio/junho de 1987.

[11]   A. K. Sawhney, *Electrical Machine Design,* Gagan Kapur por Dhanpat Roy e Co.Pvt.Ltd, 2005.

Publicação

1. Nilesh Mirajkar, Amardeep Shitole, "Harmónicas: O Efeito na Qualidade da Energia", Proc. Conferência Nacional sobre Energia e Desenvolvimento Sustentável, Faculdade de Engenharia, Pune, 28 a 29 de fevereiro de 2012.

Printed by Books on Demand GmbH, Norderstedt / Germany